Oliver Pfingsten

# Bolivien und die Folgen der Kolonialherrschaft

GRIN Verlag

**Bibliografische Information der Deutschen Nationalbibliothek:**

Die Deutsche Bibliothek verzeichnet diese Publikation in der Deutschen National-
bibliografie; detaillierte bibliografische Daten sind im Internet über http://dnb.d-
nb.de/ abrufbar.

**Impressum:**

Copyright © 2013 GRIN Verlag GmbH
Druck und Bindung: Books on Demand GmbH, Norderstedt Germany
ISBN: 978-3-656-60750-2

**Dieses Buch bei GRIN:**

http://www.grin.com/de/e-book/269535/bolivien-und-die-folgen-der-kolonialherr-
schaft

# Das Erbe der Kolonialzeit –

# leidet Bolivien noch immer unter den Folgen

# der Kolonialherrschaft?

Von:            Oliver Pfingsten

# Inhaltsverzeichnis:

## 1.1: Allgemeine Informationen

Bolivien (offiziell: multinationaler Staat von Bolivien bekannt Spanisch: Estado de
Bolivia Plurinacional) ist ein Binnenstaat in Zentralsüdamerika. Er wird von Brasilien
im Norden und Osten, Paraguay und Argentinien im Süden, Chile im Südwesten und
Peru im Westen begrenzt. Die Hauptstadt Boliviens ist Sucre, allerdings ist der
Regierungssitz in La Paz. Boliviens wirtschaftlich wichtigste Stadt ist Santa CRUZ.
Als Präsidiale Republik hat Bolivien ca. 10 Mio. Einwohner und belegt den HDI-Rang
108. Das Staatsoberhaupt ist Präsident Evo Morales

*(Fig.: 1 Lage Boliviens in Südamerika)*

## 1.2: Geographie

Bolivien liegt zwischen 57 ° 26 ' und 69 ° 38' westlicher Länge und 9 ° 38 ' und 22 °
53' südlicher Breite. Mit einer Fläche von 1.098.580 Quadratkilometer ist Bolivien
weltweit auf Platz 28 der größten Länder weltweit. Bolivien erstreckt die sich von den
Zentralanden durch einen Teil des Gran Chaco bis in das Amazonasdelta.
Die Geographie des Landes, weist eine Vielzahl von Gelände und Klimazonen auf.
Bolivien hat ein hohes Maß an biologischer Vielfalt, sowie mehrere Ökoregionen mit
ökologischen Untereinheiten wie dem Altiplano , tropische Regenwälder
(einschließlich Amazonas-Regenwald ), Trockentäler und der Chiquitania (tropische
Savane).
Diese Bereiche haben einen enormen Höhenunterschiede von 6.542 Metern über
dem Meeresspiegel in Nevado Sajama und 70 Meter entlang des Paraguay Flusses.

Bolivien kann, um es genauer klassifiezieren zu können, in drei Landschaftliche Untergruppen eingeteilt werden.

Die Andenregion im Südwesten erstreckt sich über 28 % der Landesfläche. Dieser Bereich ist über 3.000 Meter Höhe gelegen und befindet sich zwischen zwei großen Andenketten der Cordillera Occidental und der Cordillera Central. Auch der höchste Berg Bolviens der Sajama mit 6542 Metern in dieser Region gelegen.

Außerdem befindet sich in der Cordillera Central der Titicacasee, der höchste kommerziell schiffbare See der Welt und der größte See in Südamerika. Der See muss allerdings mit Peru geteilt werden. Auch in dieser Region sind die Altiplano und der Salar de Uyuni, dem größten Salzsee der Welt, welcher eine wichtige Quelle für Lithium ist.

Der Region in der Mitte und im Süden des Landes ist ein Zwischenbereich zwischen dem Altiplano und den östlichen Llanos. Diese Region beträgt 13 % des Territoriums Boliviens, und umfasst die bolivianischen Täler und die Yungas-Region . Diese Region zeichnet sich durch ihre landwirtschaftlichen Tätigkeiten und das milde Klima aus.

Die Region Llanos im Nordosten des Landes umfasst mit 59% den größten Teil Boliviens. Sie liegt nördlich der Cordillera Central und erstreckt sich von den Ausläufern der Anden bis zu dem Paraguay Fluss. Es ist eine Region des flachen Landes und kleinen Plateaus. Größtenteils wird diese Region von Regenwald mit einer hohen Artenvielfalt bedeckt. Die Region liegt durchgehend unter 400 Metern über dem Meeresspiegel.

*(Fig.: 2 Karte von Bolivien)*

## 1.3: Klima

Klimatisch lässt sich Bolivien in drei Regionen einteilen:

<u>Llanos:</u>

Ein feuchtes tropisches Klima mit einer durchschnittlichen Temperatur von 30 ° C
herrscht in dieser Region. Der Wind kommt aus dem Amazonas Regenwald und führt
zu erheblichen Niederschlag. Im Mai gibt es aufgrund der trockenen Winde wenig
Niederschlag und die meisten Tage haben klare Himmel . Auch können Winde aus
dem Süden, genannt Surazos, kühlere Temperaturen über mehrere Tage bringen.

<u>Altiplano:</u>

Wüsten - Polar Klima , mit starken und kalten Winden . Die Durchschnittstemperatur
liegt im Bereich von 15 bis 20 ° C. In der Nacht sinken die Temperaturen drastisch
auf leicht über 0 ° C , während im Laufe des Tages das Wetter trocken und die
Sonnenstrahlung hoch ist. Es tritt jeden Monat Bodenfrost auf und Schneefall ist
häufig.

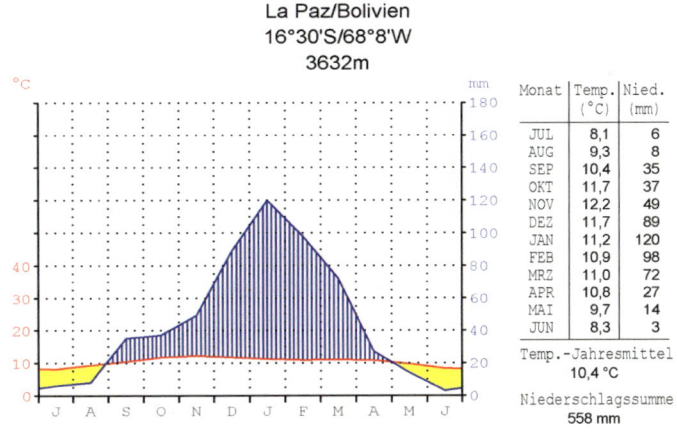

*(Fig.: 3 Klimadiagramm von La Paz)*

<u>Täler und Yungas:</u>

Gemäßigtes Klima. Die feuchten nordöstlichen werden gegen die Berge gedrückt.
Dadurch wird diese Region sehr feucht und regnerisch. Die Temperaturen sind
kühler in höheren Lagen. Schnee fällt in Höhen ab 2.000 Metern.

## 2.1: Gesellschaft

Seit Bolivien 1825 als eigener Staat gegründet wurde, war es eine multiethnische Gesellschaft. Als Ergebnis behandeln Bolivianer ihre Staatsbürgerschaft eher als Nationalität und nicht als Ethnie. Die größte der etwa 36 indigene Völker in Bolivien sind die Quechua , Aymara , Chiquitanos , Guaraní und die Mojeños . Die Mehrheit der europäischen Bolivianer sind spanischer Abstammung, aber es gibt auch große deutsche, kroatische, asiatischische und andere Minderheiten. Davon stammen allerdings viele von Familien ab, welche schon seit mehreren Generationen gelebt haben.

Die vier Hauptgruppen im Land sind die indigenen Völker (hauptsächlich Quechua und Aymara ) , aus denen sich fast 55 % der Bevölkerung ergeben, die Mestizen (gemischt aus europäischer und indigenen Völkern) machen 30% der Bevölkerung aus. Personen europäischer Abstammung ergeben 14%. Die restlichen 1% bestehen aus einer Afroamerikanischen Gruppierung welche als Sklaven von den spanischen Kolonialherren in das Land eingeführt wurden.

Bolivien ist eines der am wenigsten industrialisierten Länder in Südamerika . Etwa zwei Drittel der Menschen, viele von ihnen Kleinbauern, leben in Armut. Die Bevölkerungsdichte liegt in manchen Bereich bei weniger als einer Person pro Quadratkilometer und in den südöstlichen Ebenen über 10/km $^2$ im zentralen Hochland . Seit 2006 nimmt die Bevölkerung um 1,45% pro Jahr zu. Immer mehr Bolivianer wanderten in wirtschaftlich prosperierenden Gebiete in Chile und Argentinien aber auch in die Industrieländer in Europa (vor allem Großbritannien und Spanien) und Nordamerika auf der Suche nach wirtschaftlichen Möglichkeiten.

Die hohe Abwanderung wird aber von einer hohen Geburtenrate von 29% mehr als ausgeglichen. Diese Entwicklung der letzten Jahre führte dazu, dass 38,5 der Bevölkerung unter 25 Jahren alt ist.

Allerdings ist dabei zu beachten, dass die Kindersterblichkeit mit 6,9%  (Deutschland weniger als 1%) sehr hoch ist. Auch die Lebenserwartung ist mit 65 Jahren relativ gering.

Dies lässt sich darauf zurück führen, dass nur 45% Zugang zu sanitären Einrichtungen und nur 85% Zugang zu Trinkwasser haben. Auch ist zu beachten, dass es nur einen Arzt pro 2564 Einwohnern gibt.

Eine in der Verfassung festgeschriebene Schulpflicht sorgt für eine mit 87% hohe Alphabetisierungsrate für ein so armes Land wie Bolivien.


## 2.2: Wirtschaft

Die Wirtschaft von Bolivien ist die 95. größte Volkswirtschaft der Welt nominal und die 87. Wirtschaft in Bezug auf die Kaufkraftparität . Es wird von der Weltbank als ein Land niedrigen mittleren Einkommens klassifiziert. Mit einem Human Development Index von 0,663 wird es auf Platz 108 geführt. Das BIP pro Kopf liegt bei 2500$ (Dt.: 41500$)

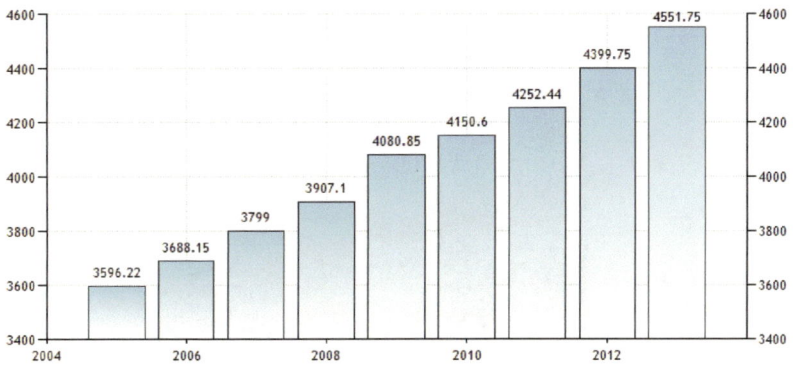

*(Fig.: 4 BIP Bolivien)*

Die bolivianische Wirtschaft hat ein historisches Muster bei dem immer nur ein Rohstoff im Fokus stand. Von Silber über Zinn zu Koka, hat Bolivien nur gelegentlich Zeiten wirtschaftlicher Diversifizierung genossen. Politische Instabilität und die schwierige Topographie haben sich hemmend auf die Modernisierung des Agrarsektors ausgewirkt. Ebenso hat das relativ niedrige Bevölkerungswachstum verbunden mit einer niedrigen Lebenserwartung das Arbeitskräfteangebot im Fluss gehalten und verhindert, dass die Volkswirtschaft florieren konnte. Eine hohe Inflation und ein großes Maß an Korruption haben ebenfalls die Entwicklung der Wirtschaft eingeschränkt. Allerdings gab es in den letzten Jahren auch viele positive Entwicklungen, da Bolivien zum Beispiel im Jahre 2009 von vielen Ratingagenturen hochgestuft wurde.

Dies lässt sich vor allem auf ein extrem hohes Rohstoffvorkommen zurückführen. Der Abbau wurde in den letzten Jahren massiv verstärkt während gleichzeitig auch die Preise für diese Rohstoffe stiegen. Dadurch kam es auch zu einem starken Anstieg des BIP. Allerdings muss hierbei beachten werden, dass viel von dem neu eingenommen Geld nicht der Bevölkerung sondern großen Konzernen und Großgrundbesitzern zu gute kommt. Dies lässt sich auch durch den GINI-Koeffizienten von 58,2.

Es dominiert der Abbau von Zink und Erdgas. Trotzdem spielt der Agrarsektor mit einem Gesamtanteil von 13,6% am GDP eine vergleichsweise große Rolle da er auch 32% der Bolivianer beschäftigt. Der wichtigste Sektor ist mit 52% der tertiäre Sektor. Darauf folgt noch mit 38,1% der Industrielle Sektor. Die Arbeitslosigkeit liegt bei ca. 7,5% (Deutschland 6%).

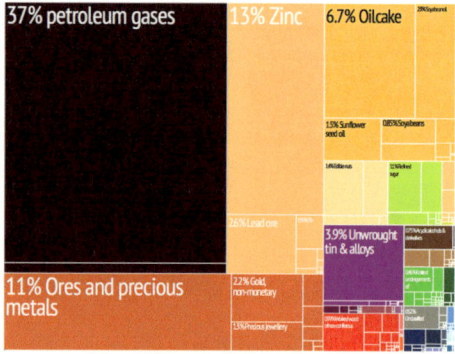

*(Fig.: 5 Exporte Boliviens)*

## 2.3: Klassifizierung

Bolivien ist ganz klar als Entwicklungsland zu klassifizieren, da es eine sehr schwache Wirtschaft mit einem sehr hohen Anteil des primären Sektors hat. Auch die schlechte Medizinische Versorgung, der geringe Zugang zu Trinkwasser und sanitären Einrichtungen tragen zu dieser Einschätzung bei.

Diese Klassifizierung wird durch den HDI und die Einordnung der WTO bestätigt.

# 3: Geschichte

Vor der europäischen Kolonisation, war die Andenregion Boliviens ein Teil des Inka-Reiches - der größte Staat im präkolonialen Amerika. Die Spanier übernahmen die Kontrolle über diese Region im 16. Jahrhundert . Während der längsten Zeit unter Spanischer Kontrolle wurde dieses Gebiet Ober-Peru genannt und war, wie die meisten der Spanischen Kolonien, unter der Verwaltung des Vizekönigreichs Peru. Während der Kolonialzeit beuteten die Spanier die Rohstoffe des Landes aus. Dabei wurden die Rohstoffe unverarbeitet direkt zurück ins Mutterland verschifft und erst dorrt weiterverarbeitet. Nach dem ersten Aufruf zur Freiheit im Jahre 1809, folgten 16 Jahre Krieg, gefolgt durch die Gründung der Republik von Simón Bolívar am 6. August 1825. Bolivien hat viele Zeiten der politischen Instabilität und wirtschaftlichen Problemen durchgemacht. Darunter einige Kriege vor allem mit dem Nachbarland Chile. Die Kriege fügten Bolivien großen wirtschaftlichen und territorialen Schaden

# 4: Theorien der Entwicklung

Man kann Unterentwicklung grob mit zwei Theorien beschreiben:

## Modernisierungstheorie

Diese Theorie, vor allem von westlich-liberalen Theoretikern vertreten, besagt, dass die Industrieländer zwar mehr oder weniger versuchen durch Entwicklungshilfe versuchen den Entwicklungsländer zu helfen, aber die Ursachen für die Unterentwicklung im Landesinneren liegen wie z.B. politische Strukturen oder die Geographie eines Landes.

## Dependenztheorie

Laut dieser Theorie liegen die Ursachen der Unterentwicklung im kapitalistischem Ausland welches die Entwicklungsländer z.B. während der Kolonialueit durch Monokulturen ausgebeutet haben. Auch das reine Abbauen von Rohstoffen mit der

Verlegung der weiteren Wertschöpfung in ein Industrieland ist hierbei als Ausbeutung zu betrachten. Bei dieser Theorie sind die Entwicklungsländer völlig frei von Schuld an ihrer Unterentwicklung.

## 5: Beantwortung der Leitfrage

Um die Leitfrage beantworten zu können muss man erst einmal bestimmen welch der beiden Entwicklungstheorien auf Bolivien zu trifft. Dies ist in diesem Fall aber leider nicht klar zu beantworten.

Es ist festzustellen, dass Bolivien immer noch eine sehr monokulturelle Wirtschaftsstruktur aufweist. Dieses pure Abbauen von Rohstoffen ist eine sehr typische Folge der Kolonialherrschaft. Allerdings muss man bei Bolivien bedenken, dass das Land nun seit fast 200 Jahren ein Unabhängiger Staat ist.

Es gibt viele Gründe die Unterentwicklung welche im Landeinneren zu finden sind. Da sind zum einen viele innerpolitische Konflikte welche die Entwicklung der Wirtschaft gehemmt haben. Man sollte aber bedenken, dass ein paar dieser Konflikte auf die willkürliche Ziehung von Landesgrenzen, während der Kolonialzeit, zurückzuführen sind.

Aber auch geographische Aspekte spielen in Bolivien eine Rolle. Zum einen ist es für Bolivien als Binnenland natürlich deutlich schwerer Außenhandel zu führen aber auch das Höhenprofil spielt in Bolivien eine Rolle. Viele teile Bolivien sind sehr schwer zu erreichen was natürlich die wirtschaftliche Entwicklung Boliviens erschwert.

Insgesamt lässt sich also sagen, dass immer noch Folgen der Kolonialzeit zu sehen sind, aber die Hauptanzahl der Gründe für die Unterentwicklung zu suchen sind.

## 6: Ausblick

Die weitere Entwicklung Boliviens vorrauszusagen stellt sich als sehr schwere Aufgabe dar. Dabei ist zu beachten, dass zwar in den letzten Jahren das BIP gestiegen ist, dies ist aber nur auf die steigenden Rohstoffpreise zurückzuführen da immer noch die alten Strukturen vorherrschen.

Auch sind die Konflikte mit den Nachbarländern noch lange nicht beendet. Zum Beispiel unterhält Bolivien immer noch eine eigene Marine um sich ggf. wieder einen Zugang zum Pazifik sichern zu können.

# 7: Quellen

Berié, Eva. *Der Fischer Weltalmanach 2010: Zahlen Daten Fakten.* Frankfurt Am Main: Fischer Taschenbuch Verlag, 2009.

Bolivien. Botschaft Des Plurinationalen Staates. *Informationen über Bolivien.* N.p., n.d. Web. 05 Jan. 2014.

"Bolivien." *Wikipedia.* Wikimedia Foundation, 03 Jan. 2014. Web. 05 Jan. 2014.

Deutschland. Auswärtigesamt. *Länderinformation Bolivien.* N.p., n.d. Web. 05 Jan. 2014.

"Gabler Wirtschaftslexikon." *Definition » Entwicklungstheorie «.* N.p., n.d. Web. 05 Jan. 2014.

Gehring, Wiebke. *Diercke-Weltatlas.* Braunschweig: Westermann, 2008.

Kreus, Arno, und Norbert Von Der Ruhren. *Entwicklungsländer Im Wandel.* Stuttgart: Klett, 2007.

"SARIRY Deutschland E.V. | Bolivien." *SARIRY Deutschland E.V. | Bolivien.* N.p., n.d. Web. 05 Jan. 2014.

USA. CIA. *CIA World Factbook.* Central Intelligence Agency, n.d. Web. 05 Jan. 2014.